JN013899

いつかきっと笑顔になれる

捨て犬・未来 15歳

今西乃子〔著〕
浜田一男〔写真〕

青春出版社

未来《みらい》は、
人間に傷つけられ、
捨てられた子犬でした。

未来が12歳を
迎えたお正月、
ふとこんな川柳《せんりゅう》が
頭に思い浮かびました。

〝我が娘
最初で最後の
年女《としおんな》〟

犬の寿命は
13年から15年と
いわれています。
愛犬が生涯で、
二度目の年女、年男を
迎えることは、
まずないでしょう。

だからこそ、
一緒にいる毎日を
精《せい》一杯《いっぱい》大切にしたいと
思うのです。

もくじ

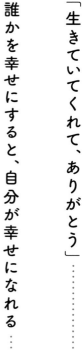

本文デザイン・DTP　岡崎理恵
写真提供（P12、13、18）　山口麻里子

捨て犬・未来のプロフィール

名前

未来《みらい》

命名したのは未来を動物愛護センターから救った保護ボランティアさん。
殺処分されたすべての命の分まで
幸せに「未来」を生きてほしいとの
願いが込められている。

性別	♀
種類	柴犬
生年月日	2005年夏
性格	アルファ雌（リーダー格）の要素をたっぷり持っている。 気が強いが、面倒見がよい。 どの犬にも友好的で、常にどっしりしている。 ワンと吠《ほ》えることのない物おじしない強い犬。
履歴	生後1、2か月ごろ、虐待を受けたとみられる。 2005年8月末に千葉県酒々井《しすい》町にて子どもによって保護。交番に届けられたが、飼い主による遺棄とみなされ、千葉県動物愛護センターへ収容。 同年9月上旬に殺処分予定だったが、ボランティアによって引き取られる。 同年11月14日著者の家族となった。
ミッション	人間に大切な「気づき」を与えること
職業	著者の「命の授業」のアシスタント 生後1歳で学校デビュー
好きな食べ物	かあちゃん（飼い主）手作りの 味付けなしローストビーフ
嫌いな食べ物	生野菜　果物
いつも寝てる場所	赤ちゃん用の羽毛布団の上

後ろ脚がなくてもジャンプできる場所　海岸の砂浜
心がジャンプできる場所　子どもたちがいる学校

はじめに

彼女の名前は未来。

未来は、生まれて間もなく、人間に虐待《ぎゃくたい》を受け、捨てられたとみられ、動物愛護センターに収容された犬だ。

収容時、未来の右目はざっくりと切れていて、右後ろ脚は足首から下が切断。左後ろ脚も、足の指が全部切り取られて、なかった。

負傷犬だったため、動物愛護センターでは譲渡対象犬

にならず、1週間後には二酸化炭素ガスで殺処分される運命だったが、処分前日に犬の保護ボランティアに救われ、九死に一生を得た。

2005年秋、インターネットの里親募集サイトを通して、障がいを持つ未来と出会った。

切られた右目の眼球は何とか無事だったが、まぶたが欠損していたため、今も完全に右目を閉じられない。

後ろ脚は、左後ろ脚の切断が指だけで、肉球が少し残っていたおかげで、ひょっこら、ひょっこら歩くことができた。排泄《はいせつ》も自力でできる。日常生活に問題はなかった。

未来がわが家に来るまで

2005年9月

動物愛護
センターで

保護ボランティア
さんの自宅で

目の手術を
終えたあと

2005年11月

元気いっぱい

ねむい…

すごいお顔

（保護ボランティアさんの預かりっこ日記より）

しかし、わが家で暮らし始めた未来には、普通の子犬のような無邪気《むじゃき》さも、あどけなさもまるでなかった。常に私たちとは一定の距離を置き、私たちの動きをじっと観察していた。信用できる人間か否か、未来なりに見極めようとしていたのだろう。

お散歩デビューした初めての海岸では、また捨てられるのではないかとブルブルとおびえていた。シャンプーのあと、前脚の爪《つめ》を切ろうとすると、殺される！　と言わんばかりに大声で悲鳴を上げた。未来のトラウマは全く消えていないのだと思った。

それから時間がたつにつれ、未来は少しずつ、私たち家族と絆《きずな》をつくる中で「安心」を手に入れていった。
そしてその後、捨て犬だった未来は、その「小さな命」に課せられた使命《しめい》を、私とともに果たしていくこととなる。

わたしの名前は未来！
今年15歳になる柴犬の女の子だ。

今日もわたしは、
かあちゃん（飼い主）といっしょに、
小学校にお仕事にでかけた。

「未来ちゃんががんばっているから私もがんばれるよ」

「亡くなっていったすべての命の分まで未来を幸せに生きてほしい」

そんな願いを込めて、子犬は未来と命名されました。

生後1、2か月のころに虐待され、捨てられた未来は、動物愛護センターに収容され殺処分される運命でしたが、殺処分前日に動物保護ボランティアさんに救われ、わが家の家族となりました。

わが家にやってきたとき、未来はまだ体重4キロほどの小さな子犬でした。

お散歩に出ると、不自由な後ろ脚でひょっこらひょっこらと歩く

未来を見て、たくさんの子どもたちが近づいてきて、声をかけてきました。

「後ろ脚がないのに、こんなにがんばってるんだなあ……すごいね、未来ちゃん！」

子どもたちになでられると、未来はとてもうれしそうにシッポを振りました。

捨てられた未来を拾って、交番まで届けたのが子どもだったからでしょうか。

未来は子どもが大好きでした。

不思議なことに、未来の周りに集まってくる子どもたちは、なぜか、親にも友だちにも話せない秘密をたくさん抱えていました。

学校
大好き

いつしか、子どもたちは未来に自分の悩み事を話すようになっていました。

「未来ちゃんは、お母さんに言いつけたりしないよね？　先生に言ったりしないもんね。内緒話《ないしょ》を告げ口しないよね」

人間に傷つけられ、捨てられた未来なら自分の気持ちをわかってくれると思っているのでしょう。子どもたちは、自分自身と未来を重ね合わせているようでした。

未来は、鳩のようにきゅっきゅっと首を左右に傾《かし》げ、一所懸命に子どもたちの話を聞こうとしています。

「未来ちゃんをいじめる人間がいるなんて、すっごく悲しい……。でも、こうして元気な姿にできるのも人間なんだね。未来ちゃん！

よかったね。よかったね！」

そんな、子どもたちと未来の姿を見て、私は未来を学校に連れて行きたいと考えるようになりました。

言葉が話せない未来のかわりに、未来のメッセージを、できるだけ多くの子どもたちに届けたいと思ったからでした。

「命を捨てるのも人間。命を救うのも人間。どちらの人間に、みんなはなりたいですか？　どちらの人間になったほうが、みんなは幸せですか――」

チャレンヅ！
チャレンヅ！

捨て犬・未来のこのメッセージは、学校での命の授業を通して、子どもたちの心に素直に溶《と》け込んでいきました。

〝未来ちゃんは虐待されて捨てられたのに、人間に復讐《ふくしゅう》しない。仕返ししないで、私たちとふれあうことができるなんてすごいね〟

〝やられたからやり返すより、仲良くしたほうが幸せだよね。これって、人間の戦争も同じ。やったらやり返すじゃあ誰も幸せになれないよ〟

〝誰かを幸せにすることにチャレンジするって、いいことだなあ。他人を幸せにして初めて自分が好きになれる。自分だけの幸せじゃ、自分のことは好きになれない〟

生後1歳で学校デビューをした未来は、その後も私と、さまざま

な場所へ出向くことになったのです。

小学校、中学校、大学、専門学校、図書館、公民館、動物愛護センター、刑務所、少年院――。未来が15歳になるまでに「命の授業」を行った施設は230か所を超え、そのうち未来が同行したのは約半数、未来とふれあった子どもたちは2万人を超えました。

わが家にやってきた未来は、子どもたちの小さな先生となって、命のメッセージを送り続けてきたのです。

2011年3月11日、大地震が日本を襲った。

その翌年、わたしは、被災地の中学校に

招かれて、「命の授業」に行くことになった。

その中学校で、校長先生がこんなことを

わたしに教えてくれた。

「やさしさが、人間を強くするんだ」って。

これって、どういう意味なんだろう？

「生きていてくれて、ありがとう」

私と未来にとって、忘れられない「命の授業」があります。

それは、東日本大震災から1年近くが過ぎた2012年2月のことでした。

「未来ちゃんを、生徒たちに会わせてほしい」

2011年3月11日に起こった東日本大震災被災地の学校長からの強い要望を受けて、私は未来を宮城県東松島市に連れて行くことになりました。

訪れたのは、未来が7歳になる年。

震災の爪痕《あと》がまだ至るところに残っていました。

招かれた中学校の体育館では、震災当時1000人以上の住民が避難。食べ物もない中、生徒たちは避難所で懸命に働き、大人たち

以上に地域のために尽くしたといいます。

この中学校では生徒4人が死亡。卒業式を前日に迎えた中での未《み》曽《ぞ》有《う》の大災害は、子どもたちにどれほどの苦悩を与えたのでしょう。

「無条件で他人を思いやるやさしさが、彼らをとてつもなく成長させ、強くしたのです。本当の強さとは〝やさしさ〟から生まれるものです」

未来を招いてくれた中学校の校長先生の言葉です。

命の大切さを一番よくわかっている生徒たちを前に、私に何が伝えられるのかと、大きな不安を感じましたが、未来がいつものように体育館に顔を出すと、その不安は一瞬にして吹き飛びました。

未来は、広い体育館の中をシッポを振り、不自由な後ろ脚を駆使《くし》して、トッコトッコと校長先生目指して歩いて行きました。

未来ちゃん
生きていてくれて
ありがとう

まるで、自分を招待してくれたのがその人だとわかっているかのように、未来は校長先生の前でピタッと止まり、先生の手をペロンとなめました。

授業が終わると、生徒たちが一斉に未来の周りに集まり、未来をなでながら、それぞれの思いを口にしました。

「未来ちゃん！　生きていてくれてありがとう」

〝生きていてよかったね〟とは、これまで何度も言われたものの、「生きていてくれてありがとう」と言われたのはこのときが初めてでした。

それは紛れもなく、未来が生きていることに対する「感謝」の言葉です。

自分の家族でも、親戚でも、友だちでもない見ず知らずの「他人

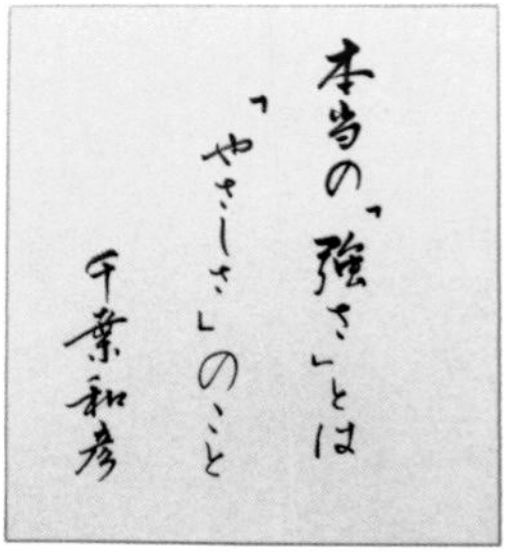

（ここでは未来）」が生きていることに、生徒たちは心から感謝の言葉を口にしたのです。

多くの人が亡くなり、大切な人や家、多くの宝物を失ってしまった生徒たち……。

大災害の中で、彼らは想像を絶する悲しみや苦しみを見て、生きてきました。

誰かの苦しみが、自分自身の苦しみとして、彼らの中に残っているとしたら、これ以上、誰かが苦しむ姿を見たくはないという思いだったのでしょう。

「生きていてくれてありがとう」という言葉は、未来だけに対する気持ちではなく、命そのものに対する感謝であり、「誰かの幸せ」を「自分の幸せ」と感じることができる「やさしさ」でもあったのです。

そのやさしさは、きっと、苦しみや悲しみの中から生まれた強さなのだと私は思いました。

〝未来ちゃん生きていてくれてありがとう！　あの震災以来、今日はみんなが一斉に笑顔になれたよ！　ここまで来てくれてありがとう〟

〝人間に傷つけられて、あんなひどい目にあったのに、こんなに歩けるなんて嘘みたい！
私も未来に負けないように幸せになるよ！　約束するよ！〟
かわるがわる未来をなでる生徒たちは本当にいい顔をしていました。

大災害にあい、多くの宝物を失ってしまった生徒たちに大切なことを伝えられるのもまた未来でしかありません。

〝未曽有の大震災で、失ってしまった宝は、もう帰っては来ない。
ならば、今、残された命を大切にして一所懸命生きて行こう――。
亡くなったものを取り戻すことはできない。
消えてしまったものを取り戻すこともできない。
犬の未来も同じだ――。
未来の失ってしまった脚は、もう二度ともとに戻らないけど……。
今、ある姿のままで輝くことができる。
命とはそういうもの。
それぞれが与えられた中で、精いっぱい輝くことが最も大切なんだ〟

生徒たちは、みな自分たちが体験した大災害と、未来が人間から受けた被害を重ね合わせ、未来を見ていたのです。

希望の朝
書き初め

生徒たちも、犬の未来も理不尽な被害を受けた者同士です。ただひとつだけ違うのは、生徒たちへの加害者は大自然で、未来への加害者は私たち人間だったということです。

被災地の生徒たちが「命の授業」で一番感じたのは「天災」と「人災」、このふたつの違いだったのではないでしょうか。

〝自然災害はどうすることもできないけれど、人間がつくった災害なら、人間の心ひとつでゼロにできますね〟

自分たちが何も悪いことをしていないのに、こんな悲しい天災が起こるのだから、何も自分がみずからの手で災害をつくることはないと――。

明日の天気が晴れなのか、台風なのか誰もわからないし、変えることはできませんが、人間がつくる災害は、人間の心ひとつで防ぐ

ことができます。
戦争、テロ、犯罪、そして、未来のように捨てられる命も――。
辛いことや悲しいことは、ないに越したことはありません。
でも、辛いことや悲しいことがあった分、人は、やさしくなれるのだと思うのです。
強くなれるのだと思うのです。
そして、亡くなっていった命の分まで、一所懸命生きようと思うのです。

いつだったかなあ……。

かあちゃんが言ってた。

この世には「ごめんなさい」の消しゴムが

あるんじゃないかって。

誰かを傷つけてしまったとき、
あやまればすむこともあるけど
あやまってすまないこともあるよ。
そんなときは、別の誰かを幸せにすることで、
心の中の「ごめんなさい」が、ほんの少しだけ、
消せるんじゃないかなあ……。

誰かを幸せにすると、自分が幸せになれる

学校だけではなく、未来は刑務所や少年院での「命の授業」にも同行しました。

ある少年院では、100名ほどの少年たちが表情ひとつ変えず、授業に参加していました。その表情からは、彼らが何を考え、何を思っているのか読み取ることは不可能でした。

これらの施設にいる少年たちは、多かれ少なかれ、自分の行動がコントロールできず、責任が取れないまま、他人を傷つけてしまった若者たちです。

人には大きな力がふたつあります。

ひとつは「誰かを傷つける力」、そして、もうひとつが「誰かを幸せにする力」です。少年たちは、残念ながらその力を「誰かを傷

つける」ために使ってしまいました。

未来も同じです。人間が持っているその力を「命を傷つける」ことに使ったため、未来の後ろ脚は不自由になってしまったのです。

しかし、未来はその後、「誰かを幸せにしたい」と願う人間に出会い、命を救われました。命をキラキラに輝かせることができるのも人間なのです。

私は、未来が一番人間に伝えたいだろうと思う言葉を少年たちに問いかけました。

「どちらの人間になったほうが幸せですか」

その直後、未来が会場に姿を現しました。

ドアからちょこんと顔をのぞかせ、少年たちが座っている椅子の間を縫って、私に向かってトッコトッコと歩いてきます。

時々立ち止まって少年たちのズボンのすその匂いを嗅《か》いだり、シッポを振ったりして楽しそうです。

人間には
2つの大きな力が
あるんだよ

「手を出してなでていいんだよ」

私が言うと、少年たちが笑顔になり、未来をそっといたわるようにさわります。

涙をぬぐう子、やさしく未来の顔をのぞき込む子、少年たちの中にはすでに答えが出ていました。

「もし、みんなが、自分がこれまでしてきたことに対して〝ごめんなさい〟という気持ちを持っているのなら……。ごめんなさいをひとつでも減らすために、誰かを幸せにすることに自分の持っている力を使ってください。

誰かの幸せのために自分ができることを見つけてください。そして、二度とごめんなさいをつくらないと自分に誓《ちか》ってください。これが今、みなさんの目の前にいる未来からのメッセージです」

未来を救ってくれたボランティアさんは、昔、飼っていた猫が、自分の不注意から交通事故にあい、両前脚を失った苦い経験を持っ

ていました。彼女は、猫に対してたくさんの〝ごめんなさい〟を、つくってしまったと言います。

悔《く》やんでも、悔やんでも、猫への「ごめんなさい」は消えることがなかったと言います。

そんなとき、その猫と同じように脚のない未来に出会ったのです。未来を救うことで、心の中の「ごめんなさい」を少しでも減らそうと思ったのかもしれません。そして、未来は救われました。しかし、未来以上に救われたのは、「ごめんなさい」をひとつ減らすことができた、ボランティアさん自身だったのかもしれません。

誰かを救うことは、自分を救うことです。

そして……、

誰かを幸せにすることは、自分を幸せにすることなのです。

誰かを幸せにすることで、自分が幸せになれるのです。

授業のあとの少年たちの未来を見る目は、授業の前とは異なり、とても穏《おだ》やかでした。

心にさまざまな問題を抱える少年たちを笑顔にできるのも、やはり未来なのです。

「自分が生きている意味を考えたときや、人生の最後に、生まれてきてよかったなと思うためには……、やっぱり、自分のしたことによって救われる、幸せになれる誰かがいること、一人じゃなく誰かとつくった思い出がいいものであることが、大切なんですね。ぼくは多かれ少なかれ誰かを傷つけて、ここにいます。未来がぼくを笑顔にしてくれたように、ぼくも誰かを幸せにできる人間になりたい」

〝きみたちが持っている大きな力を、今度こそ、誰かを幸せにするために使ってほしい〟

未来の願いは、ほんの少しであれ、少年たちに届いたのだと私は
思いました。

わたしが「命の授業」で出会った子どもたち、
今ごろどんな大人になっているんだろう。

みんな、命をボロボロにする力も、
ピカピカにする力も持っているんだよ。

15歳

4か月

「ぼくが獣医になろうと思ったきっかけは、未来ちゃんだよ」

「命の授業」を始めたころは10年以上も未来と一緒に学校に行けるとは思っていませんでした。

未来はとても健康で元気な犬でした。

よく食べ、よく寝て、散歩が大好きでした。

脚の不自由な未来の散歩場所は主に公園か海岸でしたが、海岸なら未来はほかの犬と同じくらい走ることができました。

そのおかげでしょうか。後ろ脚にもしっかりと筋肉がつき、年を重ねるごとに硬い場所でも、そこそこ歩けるようになりました。

今でも、自宅の階段を自由に上り下りできます。

そして、学校の体育館をステージに向かって自ら歩いて行きます。

14年間続けてきた「命の授業」――。

名前も知らない不特定多数の子どもを相手に行う「講演会」では、その後、子どもたちが未来からどんな影響を受け、何を考えて成長していったかは知る由《よし》もありません。

もう、未来と出会ったことなどすっかり忘れてしまった子どもたちも多いでしょう。

そんな中、メール経由でうれしい知らせも時々届きます。

中でもうれしかったのは、中学生のときに未来の「命の授業」を受けて、獣医師になることを決意したという少年。香川県高松市で一般向けに行われた「命の授業」に参加した、当時中学1年生の生徒でした。

その後、高校に進み、大学を受験した彼は、念願の獣医学部に見事合格！　大学に入学したその夏休みに、未来に会いにわが家に来てくれたのです。

「未来ちゃんは、ぼくの人生に大きな影響を与えてくれた、大切な先生！　本当にありがとう！　また会えてよかった！」

そう言いながら、立派に成長した青年は、わが家でバーベキューのお肉をたくさん食べながら、白髪交じりの少し年をとった未来をたくさん、たくさん、なでてくれました。

一匹の捨て犬が、ひとりの子どもの人生のガイドとなり、夢へとまっすぐに導いてくれたのです。

また、こんな出来事もありました。

未来が12歳になった冬に、ある大学で行った「命の授業」――。

ひとりの男子学生が、授業のあとに大泣きしながら未来にまっすぐ近づいてきたのです。

20歳前後の男子学生が、人前でぽろぽろ涙を流すなど、尋常《じんじょう》ではありません。

それほど、未来が背負っている過去が彼にとって悲しいものなのか。かける言葉に困っていると、学生さんは泣きながら笑って未来をそっと、そっとなでました。

「……ぼく……小学生のときに、未来ちゃんの本を読んだことがあるんです……。10年くらい前です。その本の未来ちゃんが大学に来てくれて、偶然会うことができるなんて……、もう10年も過ぎたのに……、今でもこんなに元気にしているんですね……かわいい……よかったね。未来ちゃん！　元気でいてくれて本当に感動しました……涙が止まらない……」

学生さんが言っていた未来の本とは、児童書の捨て犬・未来シリーズの一冊目『命のバトンタッチ』で、「命の授業」を開始したのと同じ年に刊行した本でした。

ここならいっぱい
歩けるよ
走れるよ

『命のバトンタッチ』は、捨てられた子犬の未来が、動物愛護センターからボランティアさんに救われ、わが家に来るまでを描いた児童向けのノンフィクションです。

傷つけられ、捨てられた子犬が、救われ、飼い主のところへ旅立っていく——。

まさしく物語はハッピーエンドで終わります。

当時小学生だった男子学生も本を読み終えて、「未来の命が救われてよかったなあ」と思ったことでしょう。しかし、未来は漫画の主人公でも、童話の主人公でもありません。実在する犬です。生きている犬ですから、助かったら、そこからがスタート。命は寿命が尽きるときまで続くのです。

本ではハッピーエンドで終わっても、その後、どうなったのか、生きているのか、元気なのかはわかりません。男子学生も本の中の未来のその後など知る由もありませんでした。

しかし、彼は偶然にも10年以上の歳月を経て、本の中の未来と「命の授業」で出会うことができました。未来が今でも元気でいることがうれしくて、めいっぱい泣き笑いしながらなでてくれたのです。

命とは息をしているということではありません。

〝命とは幸せになること、幸せになれる希望があること――〟

男子学生が「命の授業」で本物の未来から学んだのは、「真の命の輝き」だったのではないでしょうか――。

後ろ脚のないわたしが
思い切りジャンプできる場所！
それが、海岸の砂浜だ。

みーんなが、
そんな場所を見つけられるといいなあ……。
心が、思い切り「ジャンプ」できる場所！

身も心もジャンプできる場所が自分の居場所

わが家には、授業を受けた子どもや、本を読んだ子どもたちから、感想文やお手紙が届きます。

ある日のこと——。

玄関のチャイムが鳴ったので出てみると、郵便配達員がかわいらしいイラストのついた封筒を差し出し、こう言いました。

「こちらに未来様という方はいらっしゃいますか」

「未来は、うちの〝犬〟ですが……」

「では、未来様はこちらにご在宅なのですね？」

笑顔で差し出されたその封筒には、住所の下に私の名前ではなく「未来様」と書かれていました。

封書に「未来様」とだけ記された手紙は後にも先にもこの一通だ

けですが、封を切って便箋《びんせん》を開くと、手紙のほとんどが「未来様」で始まります。

「未来様」宛《あて》の手紙の内容のほとんどは「悩み事」で、私ではなく未来に語りかけるような友だち口調で書かれています。

「死にたい」「生きている意味ってあるんですか」「友だちのいじめが嫌《いや》」「親が嫌い」など。

「命の授業」を始めたのも、悩みを抱えた子どもたちと公園で出会ったことがきっかけですが、未来宛の手紙は、同じように心に傷を負った子どもからのものがとても多いのです。どれも便箋いっぱいに悩み事が切々とつづられています。

そして、手紙の最後は、こう締めくくられているのです。

〝未来ちゃんは、どう思いますか？　教えてください〟

子どもたちにとって未来はやはり小さな先生であり、未来なら何か解決策を見いだしてくれると信じているようです。

こういった子どもたちから手紙が来るのも、未来が背負った障がいとトラウマが原因だと私は思いました。

同じ心の痛みを持っている未来なら、きっと自分たちの心を理解してくれる。同じ痛みを持ちながら、元気に過ごしている未来のように、自分たちもきっと元気になれる魔法があるはず、と思っているのです。

もちろん、犬の未来が手紙を読んだり、返事を書いたりしないことは子どもたちは百も承知です。それでも、未来に手紙を書くことが子どもたちの心の救いになっていることは間違いありません。だから私も未来に代わってできるだけ返事を書くようにしています。

未来宛なので返事も「未来より」と書いて出します。

その数ある手紙の中でも忘れられないのが、ある少女が小学校4年生のときから数年間にわたって未来に届いた手紙です。毎回それは未来宛に便箋数枚にわたってびっしりと書かれていました。

出だしはいつも「未来ちゃん、助けて！」から始まります。

多くは友だちからのいじめについて書かれていました。

手紙には彼女の苦しみが延々とつづられ、未来に手紙を書くことで、切々と心の中の苦しみを吐き出しているようでした。

小学校4年生から始まった未来との書簡は、彼女の成長とともにラインへと変わり、彼女が高校生になった夏休みを前に、ラインはパタンと止まってしまいました。

ラインで来た未来への最後のメッセージは、たった1行。

〝自分を心から心配してくれる友だちがやっとできたよ……。泣けるね……。未来ちゃん、今までありがとう〟

それは、彼女が自分の居場所を見つけたことを意味していました。

自分の居場所とは、自分の身も心も思い切りジャンプできる場所のこと。

その場所を見つけた人は幸せです。

「やさしさのスイッチ」って知ってる？
これはね、みんなの心の中に必ずあるんだって。

大切なのは、
そのスイッチを「オン」にすることなんだって。
そして、
自分の中にある“やさしさ”に出会えた人は、
すっごく幸せになれるんだって。

「やさしさのスイッチ」をオンにしよう

子どもたちと未来との出会いは、未来のミッション通り、波動《はどう》となって、たくさんの人たちに伝わっていきました。

その多くは、未来と出会ったことがきっかけで、保護犬や保護猫を家族として迎えたというれしい知らせや、未来のように捨てられた犬や猫のために何ができるかという相談。そして、新しく迎えた犬、猫、ハムスターなどに「未来」と命名したお知らせなどです。

未来との出会いが、子どもたちの中にある「やさしさ」のスイッチをオンにしたのでしょう。どの知らせも、「命を預かる責任」「他者に対するやさしさ」が伝わってきました。

中には、手紙だけではなく、未来に会いたいとわが家を訪ねてく

る親子もいました。
その数は年々増え、卒業旅行に「未来ちゃんツアー」を親におねだりした小学生、春休みや夏休み旅行に未来に会いにやってくる家族など、東北の被災地や遠路からもやってくるようになったのです。
小学校から、ずっと未来シリーズを愛読してくれた高校生の女の子もそのひとり。
わが家に遊びに来たのち、15歳になった未来にこんなメールを寄せてくれました。

〝未来ちゃん、お誕生日おめでとうございます
未来ちゃんに出会ってなかったら、こんなに深く〝いのち〟について考えることはなかったかもしれないと思うと、本当に出会ったことに感謝です「いのちの可能性」を教えてくれてありがとう！
たくさんの幸せをくれてありがとう！

わたしは
未来

わたしは
未来
ぼくは
未来

生まれてきてくれてありがとう！　これからもたくさん幸せになってくださいね😊♡ずっと大好きです！♡〟

未来の本が好きで、生まれた子どもに「未来」と名づけた方もいました。

未来は虐待されて捨てられた犬です。

普通ならそんな犬の名前をわが子には命名しないでしょう。それでもご両親が未来から名前をつけたのは、痛ましい過去をもろともせず、ありのままの姿で元気に輝く今の未来を見てくれたのだと思います。

未来が持つ最強の運気と幸せに、ご両親はあやかりたいと思ったのかもしれません。

お父様から未来ちゃんとわが家の未来を会わせたいとメールをい

ただいたのは7年前。

当時1歳だった未来ちゃんはしっかりした性格の女の子で、乳児用のおせんべいをモリモリ食べる姿は、食いしん坊の未来そっくりです。その姿は未来が人間に生まれ変わったように愛《いと》しくて、見ているだけでかわいくてたまりませんでした。

その未来ちゃんも、あっという間に小学生。

小学校の入学式で配布された道徳の教科書には、「捨て犬・未来」のお話が掲載されていたと言います。

未来ちゃんがすくすく成長した分、わが家の未来もすっかりおばあちゃんになってしまいました。

神様から受けたミッションを、未来はその犬生の中で確実に果たし、ミッション遂行の足跡を、子どもたちの心の中に残してくれたのです。

わたしは、大切なミッションを持って
この世に送られてきた。それは、
人間たちに、多くの気づきを与えることだった。

命を輝かせるのも、傷つけるのも、
人間次第だということを
伝えていかなきゃならないんだ。

そして、誰かの命を輝かせる人間こそが、
自分自身、輝いていけるんだということを……。

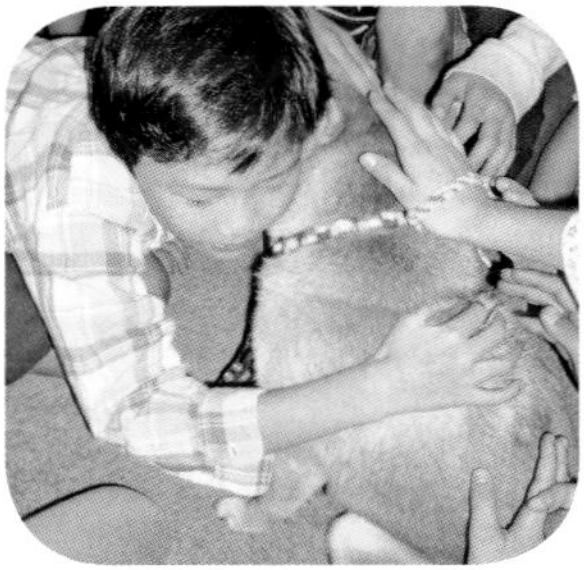

約束するよ。ずっとずっと一緒だよ

年をとった未来は、いつのころからか起きている時間より寝ている時間がうんと長くなりました。

学校の授業のあとのふれあいタイムでも、子どもたちになでられながら、私の膝《ひざ》の上でうとうとと居眠りをすることが多くなったのです。

「ふれあいタイム」の前、私は子どもたちに必ずひとつの約束事を伝えます。

「未来は、人間に傷つけられて後ろ脚を失いました。そのため、後ろ脚にふれられることには今でも大きなトラウマを感じています。どこをさわっても、抱いても、キスしてもいいけど、後ろ脚には絶

対にさわらないでね」

未来とふれあった子どもたちはすでに2万人を超えますが、ただの一人として、この約束を破った子はいません。

ただの一人として――。

それは、子どもたちの心の中にある「やさしさのスイッチ」が「オン」になっていることを示していました。

そして、そのスイッチを入れたのは、まぎれもなく15年前に人間に傷つけられ、捨てられていた犬、未来だったのです。


未来は、人間を再び信じる道を選びました。

人間と幸せになることを選びました。

そして、幸せをもらった人間にふたたび幸せを与え続けることを自分の使命としてきたのです。

未来は、子どもたちに伝え続けました。

〝やさしさは、誰かにあげたら、あげた分、自分の中に増えるんだ〟
〝幸せは、誰かにあげたら、あげた分、自分の中に増えるんだ〟

私は今でも毎朝、目が覚めると必ず未来に聞くことがあります。

「未来、幸せですか？」

「かあちゃんは、未来を幸せにしていますか？」

年をとって、耳が遠くなった未来は、私の声が聞こえないのか、気持ちよさそうに布団の中で目を閉じたままです。

その顔がいつも笑っているように見えるのは、飼い主のうぬぼれでしょうか――。

「未来、これからもずっとずっと、一緒だよ。約束するよ……」

飼い主としての私のミッション――。

それは未来の幸せを守り続けることです。

傷ついたその体には、
たくさんの人間のエゴが
刻まれていた。

それでも、きみは、
いつか来る未来を
ずっと、ずっと、信じていた。

きみの名前は「未来」。
どこの誰よりも幸せになるんだ。

何もしてあげられない
かもしれないけれど、
これから　ずっと　そばにいるよ。

これから、ずっと、ずっと、
そばにいるよ。

詩：松岡　駿

※この詩は、「命の授業」の講演会に参加してくださったシンガーソングライターの、
松岡さんが、未来にプレゼントしてくださったものです。

著者紹介

今西乃子［著］

児童文学作家。日本児童文学者協会会員。(公財)日本動物愛護協会理事。(特非) 動物愛護社会化推進協会理事。第36回日本児童文学者協会新人賞を受賞した『ドッグ・シェルター』(金の星社) をきっかけに主に児童書のノンフィクションを手掛ける。愛犬・未来を書き綴った児童書「捨て犬・未来」シリーズ (岩崎書店) は累計40万部を突破するロングセラー。執筆のかたわら、未来を連れて全国の小中学校を中心に「命の授業」(講演会) を展開。その他の著書に、『犬たちをおくる日』『おかあさんのそばがすき』(ともに金の星社) 等がある。

公式サイト

https://noriyakko.com/

浜田一男［写真］

写真家。東京写真専門学校 (現ビジュアルアーツ) 卒業。第21回日本広告写真家協会 (APA) 展入選。主に犬の写真を中心とした撮影を手掛ける。2010年から全国各地で「小さな命の写真展」と題する写真展を開催。

公式サイト

https://mirainoshippo.com/

※本文中の写真で、顔が明確に写っている人物に関しては、掲載についてご本人の許可をいただきました。

いつかきっと笑顔《えがお》になれる　捨《す》て犬《いぬ》・未来《みらい》15歳《さい》

2020年9月20日　第1刷

著　者　今《いま》西《にし》乃《のり》子《こ》

写　真　浜《はま》田《だ》一《かず》男《お》

発行者　小澤源太郎

責任編集　株式会社プライム涌光

電話　編集部　03(3203)2850

発行所　株式会社青春出版社

東京都新宿区若松町12番1号〒162-0056

振替番号　00190-7-98602

電話　営業部　03(3207)1916

印刷・大日本印刷　製本・ナショナル製本

万一、落丁、乱丁がありました節は、お取りかえします

ISBN978-4-413-11334-2 C0095

©Noriko Imanishi & Kazuo Hamada 2020 Printed in Japan

本書の内容の一部あるいは全部を無断で複写(コピー)することは著作権法上認められている場合を除き、禁じられています。

青春出版社の好評既刊

捨て犬未来《みらい》に教わった 27の大切なこと

人が忘れかけていた信じること、生きること、愛すること

今西乃子

全国の小中学校100校以上、2万人を勇気づけた「命の授業」とは。
捨て犬・未来が教えてくれた大切なことを綴った
感動エピソード満載のエッセイです。

ISBN978-4-413-03890-4　本体1400円+税